A LA CONQUÊTE DU CIEL !

CONTRIBUTIONS ASTRONOMIQUES

De F. C. DE NASCIUS

EN

QUINZE LIVRES

LIVRE PREMIER

PROJET D'ASTRARITHMIE

Science nouvelle conduisant directement à la connaissance
du « Plan de l'Univers », et mettant la lecture de ce merveilleux Plan
à la portée de toutes les intelligences

SECONDE PARTIE

(FASCICULE 1)

Principe de l'Engrènement idéal
dans le système solaire

NANTES

IMPRIMERIE-LIBRAIRIE R. GUIST'HAU, A. DUGAS, Succr

5 & 6, Quai Cassard, 5 & 6

1900

A LA CONQUÊTE DU CIEL !

CONTRIBUTIONS ASTRONOMIQUES

De F. C. DE NASCIUS

EN

QUINZE LIVRES

LIVRE PREMIER

PROJET D'ASTRARITHMIE

Science nouvelle conduisant directement à la connaissance
du « Plan de l'Univers », et mettant la lecture de ce merveilleux Plan
à la portée de toutes les intelligences

SECONDE PARTIE

(FASCICULE I)

Principe de l'Engrènement idéal
dans le système solaire

NANTES

IMPRIMERIE-LIBRAIRIE R. GUIST'HAU, A. DUGAS, Succr

5 & 6, Quai Cassard, 5 & 6

1900

J'aborde sans tarder la science nouvelle
Qui contient dans ses flancs des pouvoirs surhumains,
Offerts par Dieu pour que d'une flamme active elle
Ouvre à nos pas bientôt les célestes chemins !

DE L'INVENTION

D'UNE

MÉTHODE GÉNÉRALE D'INVESTIGATION ADÉQUATE

AU BUT PROPOSÉ

En commençant aujourd'hui la publication de la seconde partie du Livre I de mon ouvrage, je crois utile de rappeler ce que j'ai déjà dit, concernant la méthode employée pour arriver si heureusement au but que je m'étais imposé, il y a quelque chose comme un bon quart de siècle !

Cette seconde partie devant contenir succinctement un aperçu d'un peu de toute la dense matière des quinze Livres annoncés, peut-être qu'il pouvait dès lors ne point paraître hors de propos, vu l'importance attachée par moi à ce qui va suivre, de montrer à mes contemporains comment furent parcourues les rudes étapes de cette conquête du ciel astronomique, enfin réalisée de nos jours avec les seules ressources d'un esprit clairvoyant et ferme en son dessein !

Mais pour y arriver, une méthode, une bonne surtout m'était absolument nécessaire.

Celle que j'imaginai alors, décidé à la suivre invariablement et coûte que coûte, à travers les dédales du céleste labyrinthe du royaume astral, que je m'étais fait un devoir de parcourir audacieusement, est inspirée de trois idées directrices de mon activité intellectuelle dans la matière.

Naguère, sans doute, j'ai eu l'occasion de les exposer à la page 47 de la première partie du présent Livre ; cependant, j'estime qu'il peut y avoir quelque utilité à les rappeler ici, étant donnée leur grande importance, qui n'a d'égale d'ailleurs que leur extrême simplicité. En effet, elles servent de caractéristiques remarquables à la méthode d'investigation qui est la mienne aujourd'hui, mais qui sera demain la propriété de tous, je l'espère, sous le nom de Méthode astrarithmique.

Ces trois idées, les voici :

I° Pour produire le mouvement des astres, de tous les mécanismes possibles à ma connaissance, le plus régulier et le plus simple est le plus vraisemblable.

II° Si l'on admet la géniale hypothèse de Laplace sur la nébuleuse solaire primitive, on est fondé à poser en fait, d'une probabilité extrême, que : toutes les parties du système solaire sont liées indissolublement entre elles, et cela sans la moindre cause fortuite. Connaître l'une, c'est les connaître toutes. De là l'idée bien naturelle d'avoir recours aux services modestes de la vulgaire mais si sûre *Règle de trois*.

III° En partant de la distance 1, tout ce qui est a dû s'établir suivant des progressions arithmétique et géométrique en combinaisons simples ou non. On doit donc s'attendre à trouver de vrais logarithmes dans les valeurs numériques du système solaire.

C'est donc en me servant conséquemment de la méthode découlant directement de ces idées préliminaires, que j'ai l'honneur insigne d'avoir déjà résolu, le premier de tous, les multiples problèmes qu'on voit la Science astronomique de notre temps toujours se poser en vain ! Problèmes sans cesse posés ! Problèmes jamais résolus ! Et pourtant ! dire qu'ils sont légion !...

Non seulement la Méthode astrarithmique permet de résoudre commodément toutes les questions qui se dressent à chaque pas, entières et altières devant les exigences de notre curiosité si légitime d'hommes, qui se sentent les maîtres du monde, mais encore elle le fait d'une manière étonnamment simple : ainsi vraiment elle se montre et se rend volontiers accessible à tous les degrés de l'intelligence humaine : cette seconde partie du Livre I va le prouver sans conteste !

C'est maintenant qu'on pourra s'écrier plus haut que jamais : La vérité, toute la vérité, est annoncée aux pauvres !

Pauperes evangelizantur !

En effet, comme cette méthode ne nécessite jamais de celui qui la suit que l'emploi, et par conséquent la connaissance, des premiers éléments des sciences, traitant de l'étendue et de ses rapports, simples en général et exprimés toujours par des nombres éloquents, il est on ne peut plus clair alors qu'une semblable méthode ne dépasse point, en aucun cas, la moyenne des intelligences ; car la faculté de calcul chez l'homme est peut-être la plus certaine et la plus universellement distribuée à chacun en raison de l'intérêt, mobile constant de presque toutes les actions humaines.

Toutefois, si ce beau résultat est obtenu, l'auteur ne saurait dignement s'en attribuer tout le mérite. Il est bon et il me sera agréable effectivement de publier, au cours de ces lignes, que si la Méthode astrarithmique ne connait que le succès, le mérite doit en revenir, pour la plus forte part, à la grande exactitude des valeurs numériques fournies par les observations astronomiques de nos jours.

Honneur ! cent fois honneur donc ici aux membres des observatoires de toute notre planète, pour l'excellence des travaux que nous leur devons !

Oui, vraiment, ces valeurs sont telles que je peux affirmer de nouveau, avec mille preuves à l'appui, que l'homme tient maintenant à sa disposition les matériaux qui lui étaient nécessaires (et de beaucoup plus nombreux qu'il n'en fallait), s'il veut enfin procéder délibérément et d'une main magistrale au tracé sublime du merveilleux

PLAN DE L'UNIVERS !

Au reste, cette opération grandiose unique, qu'on peut appeler, à proprement parler, l'opération de la plus haute géodésie qui fut et sera jamais et concevable et réalisable, cette opération constitue en somme le seul et positif objet des quinze Livres de mon tant original ouvrage !

Vous me verrez, ô lecteur ami, opérer sous vos yeux et faire ainsi des prodiges ! Vous exulterez de joie vive et délectable et vous y applaudirez des deux mains !

. . . .

Et dire que j'avais formulé, il y a trois ans, le souhait bien légitime, n'est-ce pas, de pouvoir produire en public mon système complet, tout machiné et à grande échelle, au Palais de l'Exposition universelle de cette année à Paris !

C'eût été, comme on dit vulgairement, un clou, un joli clou certes, précisément le fameux clou qui lui aura manqué grâce à... ?

Il me fallait évidemment pour réussir, en comblant mon souhait, un appui officiel : je le sollicitai !

Dire qu'il me fut refusé est bien inutile, car c'est l'usage constant en haut lieu de décourager toujours les bonnes volontés, et c'est le sort ordinaire des inventeurs de n'être point compris même de leur siècle !...

Je n'y aurai point échappé, mais pourrai m'en consoler toutefois sur le sein compatissant du génial Képler !

Quoi qu'il en soit, la Méthode astrarithmique, c'est le moment de le dire, se subdivise en éléments méthodiques d'ordre varié, constituant de puissants moyens de recherche sûre. Un même problème, en effet, aussi difficilement soluble en apparence que ceux des divers mécanismes célestes, ne saurait se satisfaire avec une seule solution le plus souvent.

Il faut, si l'on veut acquérir jamais une certitude entière, se fournir à soi-même plusieurs preuves et contre-preuves. C'est précisément cette idée salutaire qui m'a amené à inventer une douzaine au moins de procédés d'étude et d'examen, qui m'ont fourni toujours la même solution, quand je faisais varier à plaisir et le point de vue de l'observateur et aussi les données problématiques. De telle sorte que les procédés méthodiques employés par mon intelligence industrieuse, se prêtant aide l'un à l'autre pour se vérifier mutuellement, justifient absolument et en dernier ressort la solution définitive que je présente.

On comprendra sans peine, la chose est indubitable, que le fruit de vingt-cinq années de recherches laborieuses, sur un même sujet, ne saurait être jamais vide et dépourvu de maturité. Il s'imposera donc spontanément même à l'esprit que l'auteur a eu le temps matériel suffisant pour retourner sous bien des faces toutes les questions dont il croyait avoir trouvé la solution, d'abord empiriquement, j'accorde, et le problème supposé résolu de façon ou d'autre, ensuite sous le bénéfice d'un examen scientifique sérieux et en dernier lieu avec preuves multiples à l'appui.

Ce qui amènera naturellement le lecteur à se poser ce dilemne : Ou l'auteur est fou, ou c'est un homme singulièrement ingénieux !

C'est précisément ce qu'il faut démontrer.

Aussi bien pour ce faire verra-t-on ci-après, et sans tarder plus, des choses bizarres à première vue mais pourtant scientifiques, à la vérité, et surtout prodigieusement étonnantes, d'une simplicité de moyens bouleversante et décisive, qu'on le veuille ou non !

Au fait, j'avouerai purement et simplement qu'en écrivant ceci, j'ai formé le dessein héroïque de saisir aujourd'hui, et comme on dit, « le taureau par les cornes » aux yeux de tous applaudissant, je pense, à mon fameux exploit !

Oui, décidément, je m'en vais aborder de suite et précisément en premier lieu :

Le Problème le plus difficilement soluble qui soit au Ciel astronomique, à ma connaissance !

Grâce à mon habileté méthodique pertinente, je vais pouvoir donner aujourd'hui ni plus ni moins que la solution complète et détaillée du tant compliqué

PROBLÈME DE LA LUNE !

Effectivement, la Lune qui, disait-on, « fait le désespoir des astronomes, » m'a livré généreusement ses insondables secrets, conformément aux engagements d'une voix [*] de l'au-delà, qui me répétait jadis à satiété :

> La Lune te dira tout sans te rien céler ;
> Interroge-la bien, elle saura parler !

Car elle a parlé depuis, la bonne ; et c'est maintenant que mon travail pourra affronter victorieusement les jugements de la critique, la plus exigente comme la plus savante !

Si je résous, n'est-il pas vrai, le plus désespéramment insoluble des problèmes aux yeux de mes contemporains, à plus forte raison me sera-ce un jeu d'enfant de résoudre tous les autres ?

C'est de la dernière évidence !

En attendant, voici quels sont les principes méthodiques d'Astrarithmie qui seront expliqués et appliqués dans cette seconde partie du Livre I commencée aujourd'hui. Ils forment une assez longue liste, sans contredit, mais pourtant incomplète encore.

[*] Livre I, première partie, page 29, vers 15.

PRINCIPES MÉTHODIQUES

*

Iᵉʳ Dit...   Des vibrions numériques ou des propriétés actives des nombres premiers élémentaires 1, 2 et 3.

IIᵉ   »   De la logarithmisation systématique des quantités géométrico-mécaniques.

IIIᵉ   »   De l'engrènement idéal des globes astreints à parcourir des orbites fermées.

IVᵉ   »   De l'assimilation radiale omni-terro-lunale.

Vᵉ   »   Des actions cyclonòmiques fondamentales, en valeurs numériques solaire et terrestre, bases du système planétaire entier.

VIᵉ   »   Des extensions radiales en mono et polyrotie.

VIIᵉ   »   Des petits et des grands criteriums célestes.

VIIIᵉ   »   Des mono et deutonòmies formulaires.

IXᵉ   »   Des monarithmes képlériens.

Xᵉ   »   Des fonctions génitrices de distance globale.

XIᵉ   »   Des radiofications formulaires.

XIIᵉ   »   Des paradoxes antinewtoniens d'orbification planétaire ou satellitaire.

XIIIᵉ   »   Des pinceaux de centro-radiation unique.

ETC.   »   . . . .

Cette nomenclature de mes *instruments idéaux* de travail, quelque bizarre qu'elle paraisse, m'aidera à prouver bientôt, et dans la suite du Livre, qu'elle résulte d'une saine appréciation des choses astronomiques toujours voilées aux yeux de mes plus doctes contemporains. Et, si l'on veut bien admettre que les principes énumérés ci-dessus désignent, d'une part, des idées absolument nouvelles et, d'autre part, des faits de mécanique céleste, inédits dans toute la force du terme, servant à la justification desdites idées, comment alors s'étonnerait-on plus que de raison d'un certain air de bizarrerie, qui se dégage de mon travail? N'est-ce pas, après tout, le propre de toutes les nouveautés décevantes de paraître un peu bizarres?

Cette particularité est donc dans l'esprit des choses, et elle cessera quand celles-ci seront passées dans l'habitude.

La Lune m'ayant donc *parlé en esprit*, me suggéra les vérités fondamentales suivantes de mon système astronomique : « Tu cherches péniblement, avait-elle dit, à deviner sur quel mode mécanique pratique à la portée de ton intelligence médiocre, la machine solaire a pu être façonnée au commencement ?

» *Imagine tout uniment un pignon denté, actionné par sa roue menante également dentée : crois-moi : Tout le système solaire tient là-dedans, ni plus ni moins !*

Et moi de répondre : Oh ! que c'est impossible !

« En vérité, comme tu ne sembles pas comprendre, je le vois bien, pour cette raison que c'est beaucoup trop simple, voici par le menu ce que tu en dois savoir :

Primo

« Au commencement de sa vie globale, le Soleil, à l'état nébuleux de Laplace, fut astreint à parcourir une orbite circulaire et à engrener exactement son cercle équatorial sur le cercle formant son orbite !

Secundo

» Il en fut de même à l'égard de toutes les planètes !

Tertio

» Et de même à l'égard de tous les satellites !

» C'est là, entends et le retiens bien, ce qu'il convient d'appeler

L'ENGRÈNEMENT IDÉAL !

Mais pourquoi idéal, répliquai-je ?   « Parce que c'est une pure conception de l'esprit, s'appliquant positivement à un état nébuleux des astres, instable et irrévocablement passé, et qui fut celui du système solaire en gestation profonde et inénarrablement prolifique ! Car, au fait, cet engrènement qui a échappé jusqu'à ce jour à la perspicacité de vos géomètres, n'y a échappé que parce qu'il est tout latent. Quoi qu'on dise pourtant, les faits primitifs sont aussi vrais que je l'affirme ; et s'ils sont presque insaisissables à votre entendement, point assez pénétrant peut-être, c'est que ces faits, certains et permanents dans leur essence, puisque moi, la Lune, j'en témoigne et hautement, ces faits, dis-je, se sont dissimulés et dérobés à vos regards en raison des nécessités mécaniques du passage des corps lentillo-nébuleux à l'état de globo-liquido-solides.

» Cherche bien, dès lors, et tu trouveras facilement tout ce qu'il importe que l'homme sache ! »

Sur ces mots, elle avait clos sa docte bouche. Quant à moi, j'en savais assez maintenant. De là ces travaux considérables et les quinze Livres qui les contiendront relatés.

A présent, je n'ai plus, dans ce premier fascicule, qu'à *vérifier l'application* au Ciel de cette théorie ingénieuse de l'Engrènement idéal, afin de montrer, en toute évidence, le bien-fondé de mes élucubrations quelque peu bizarres. Je vais donc prendre d'abord la Terre, notre planète, comme premier sujet d'étude avec son satellite, en vue d'en faire le *type-unité de comparaison.* C'est, à mon sens, évidemment la meilleure unité, pour cette raison péremptoire que notre globe est le seul de tous qui soit pourvu d'un seul satellite ; ce qui simplifie énormément les choses dans le problème donné à résoudre.

Dans ce qui suivra, j'établirai en conséquence : Le mode d'engrènement de la Lune sur ses deux orbites et celui du Soleil sur la sienne. Je ferai de même à l'endroit de toutes les planètes ; réservant au Livre spécial consacré dans mon ouvrage à cette question le cas de l'application aux satellites planétaires. Ce sera alors la généralisation de l'application pratique d'une idée ingénieuse et la vérification complète au Ciel de ce principe d'engrènement, qui a façonné le monde astral solaire et stellaire en entier, tel que nous le voyons !

Elle sera belle, magnifique et décisive.

PRINCIPE DE L'ENGRÈNEMENT IDÉAL

DANS LE SYSTÈME SOLAIRE

CAS DE LA TERRE
CONSIDÉRÉE COMME LE PRINCIPAL TYPE
PLANÉTAIRE

Si l'on essaie d'approfondir la célèbre hypothèse de Laplace sur la nébuleuse solaire primitive, cette idée géniale qui, pourtant, depuis sa publication il y a cent ans, sera malheureusement restée toujours stérile, on ne sait pourquoi, mais qui va recevoir enfin, aujourd'hui même, sa justification et son développement normal, si l'on essaie, dis-je, d'approfondir la célèbre hypothèse, l'esprit se sent porté de suite à faire une réflexion importante.

Il apparaît conséquemment qu'à un certain moment, et cela de toute nécessité mécanique, il a dû exister une liaison étroite entre la longueur de l'équateur d'une planète, à l'état de nébuleuse lenticulaire, et la longueur même de l'orbite que cette planète était astreinte à décrire. Oui, il dut en être ainsi, à moins toutefois que le Hasard à ce moment ne dirigeât les choses! Mais la troisième loi de Képler est là, à notre service, pour nous prêter au besoin son aide toute magistrale, en nous enseignant, clair comme le jour, que le Hasard et son inepte action sont exclus du système mécanique planétaire. C'est pourquoi l'astronome digne de ce nom doit méconnaître absolument cette aveugle puissance !

Nous allons donc admettre *a priori* la liaison pressentie : cette conception provisoire d'un esprit cherchant avidement la vérité nous servira alors de point d'appui dans la marche ascendante de l'étude entreprise, laquelle a précisément pour objet de démontrer *a fortiori* le bien-fondé de cette idée féconde ! Je concéderai volontiers que la liaison présumée de la quantité de vitesse équatoriale avec celle de vitesse orbitale, dans les vagues nébuleuses planétigènes de Laplace, indique, de la part de l'auteur, une tournure d'esprit audacieuse au premier chef. En fait évidemment, que je sache, la liaison en question a échappé complètement jusqu'ici à nos trop timides essais de pénétration intellectuelle à l'endroit d'un phénomène hypothétique, qui se serait passé dans la nuit des temps inimaginables !

Que si donc elle a existé jamais réellement, à un moment donné de la vie nébuleuse générale primitive, au sein de ce qui devait être plus tard le système solaire tel que nous le voyons, il peut sembler évident qu'il faudra énormément de perspicacité d'esprit à celui qui démêlera jamais le vrai, dans l'inextricable variété des choses apparentes du temps présent qui, en somme, ne nous montre à cet égard rien d'approchant !

Eh bien ! pas tant que cela, dirai-je ! Ce serait une présomption fâcheuse, même une erreur grave.

On est astronome, que diable ! ou on ne l'est pas !
Ou plus subtilement :
On naît astronome ou vraiment on ne l'est pas !
Je le suis, je le dis,... je le prouve.

Où donc, je me le demande, serait bien le mérite pour moi, s'il ne restait plus au Ciel le moindre petit mystère à éclaircir, pour l'apprendre aux autres hommes de mon temps?

Et Dieu sait si nous n'en savons que fort peu de chose sur la belle Machine solaire !

Quant à moi, je me réjouis présentement de pouvoir étaler sous les yeux de mes contemporains des faits de mécanique céleste d'une difficulté de compréhension tout enfantine, à la vérité ; faits qui illuminent déjà les plus profonds et mystérieux arcanes du Ciel, cédant enfin et pour toujours, cédant à mon art !

Oui, effectivement, on va voir ci-après exposé sous le faisceau d'une vive lumière et pouvoir admirer à loisir ce qui, jusqu'à ce jour, fut impitoyablement refusé aux yeux de notre immense curiosité !

> Oui, tout homme verra, mis en pleine évidence,
> Le Plan de l'Univers ainsi que je le vois ;
> Car pour que cela fût la Haute-Providence
> Le voulut à merci d'une règle de trois !

Je commencerai par la Terre, moi, non point par Jupiter, et pour cette grave raison que notre planète est la seule pourvue d'un satellite unique : ce qui simplifie les choses et prouve sans plus que notre monde sub-lunaire occupe dignement dans l'Univers un rang particulier et prépondérant, quelque chose comme le premier degré, ou la base du merveilleux édifice planétaire !

THÉORÈME

DE L'ENGRÈNEMENT IDÉAL

Au temps où le rayon équatorial de la nébuleuse lenticulaire terrestre s'étendait précisément jusqu'à la distance de la Lune actuelle, l'équateur nébuleux s'engrenait absolument sur la sous-orbite que la nébuleuse décrivait dans le temps de sa période autour du Soleil, à la façon d'un pignon denté de nos machines, actionné par sa roue menante.

En d'autres termes : Un point de l'équateur nébuleux était animé, autour de son centre de rotation, juste de la même vitesse que celle dudit centre sur l'orbite décrite par lui dans l'espace.

DÉMONSTRATION NUMÉRIQUE

Appelant v la vitesse d'un point de l'équateur terrestre, V la vitesse de notre planète sur son orbite et r la plus grande distance de la Lune à la Terre, on pourra adopter les valeurs numériques suivantes comme étant les meilleures, dans l'état actuel de la Science [*]

$$v = 465 \text{ mètres.}$$
$$V = 29,57 \text{ kilomètres.}$$
$$r = 63,584 \text{ rayons terrestres.}$$

[*] Ces quantités sont calculées avec soin à la fin du fascicule.

On effectue la démonstration, au moyen d'une *règle de trois*, d'autant plus simple, à la vérité, celle-ci, qu'un des trois termes connus est égal à l'unité.

On dit : La Terre ayant 1 pour rayon anime un point de son équateur d'une vitesse de 465 mètres par seconde ; si elle avait un rayon 63,584 fois plus grand, la vitesse serait 63,584 fois plus grande, le temps de rotation n'étant pas changé. Raisonnement qui donne lieu à cette simple opération d'Arithmétique :

$$\frac{465^m \times 63^r{,}584}{1} \qquad 29{,}57^{km}$$

Opération ayant pour expression littérale en Algèbre :

$$vr = V$$

Et ainsi le théorème est démontré expérimentalement, puisque le résultat de l'opération d'esprit qu'on a réalisée, en arithmétique, est absolument conforme aux données mêmes de l'observation !

Mais mon esprit avide ne saurait guère se contenter d'une simple preuve expérimentale sans rien de plus : il me faut mieux que cela. Je veux connaître les causes du phénomène numérique patent à mes yeux charmés. Ne me semble-t-il pas, dans la présente conjoncture, qu'il se tourne vers moi l'antique cygne de Mantoue, quand il chante :

Felix qui potuit rerum cognoscere causas !

Je veux, je cherche... trouve !

DÉMONSTRATION GÉOMÉTRIQUE

DU THÉORÈME DE L'ENGRÈNEMENT IDÉAL

La démonstration précédente répond directement à la dernière partie de l'énoncé du Théorème, celle où son expression est la plus spirituelle en même temps que la plus purement scientifique. Mais les deux manières d'exprimer avec des mots un même phénomène de mécanique céleste m'ont paru une bonne chose ; c'est pourquoi je les ai adoptées toutes deux.

Ici, je vais me placer au point de vue géométrique pur et démontrer cette fois la *raison d'être* de la *liaison* (de pignon à roue menante), que j'ai établie expérimentalement, et en ne demandant pour cela que le seul secours des données numériques de l'observation.

Dans la figure ci-contre, après avoir fait abstraction des grandeurs relatives des globes représentés en S et T, en valeur absolue, on considérera que la nébuleuse de rayon r (lequel est limité de mesure), est figurée en T ; que son orbite réelle B est indiquée en ligne pointillée mixte - · - · - · - ; que ce que j'appelle la *sous-orbite* A est indiquée par la ligne pleine ———— (c'est le lieu de l'engrènement idéal) ; et enfin que la *sus-orbite* C est indiquée en pointillé ordinaire - - - - -

Ceci dit, j'ajouterai : Il est bien certain que les trois orbites considérées, supposées ici circulaires, sont entre elles comme leurs rayons respectifs. On a bien certainement, d'après le théorème connu de Géométrie :

$$\text{Circonf} : \text{Circonf}' :: R : R'$$

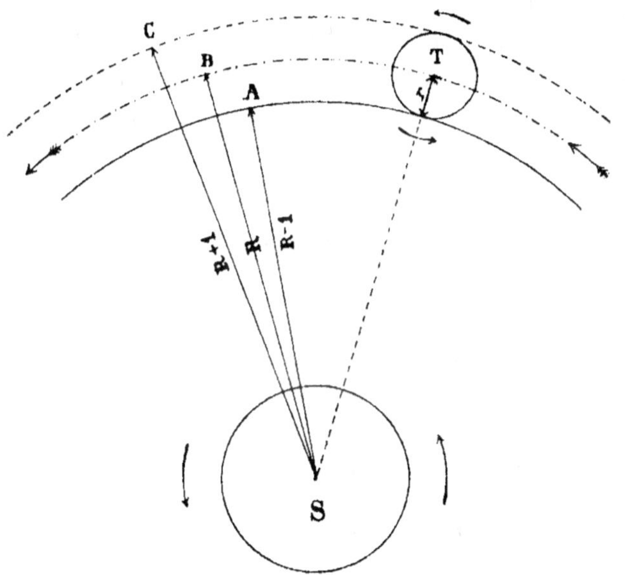

FIG. 1

Il suit donc de là qu'on peut exprimer les trois orbites A, B, C par leur rayon propre.

Si l'on prend ensuite pour unité de mesure le rayon r de la nébuleuse T par exemple, il vient enfin à étudier les *trois* expressions suivantes des *orbites*, dans lesquelles R représente le rayon de l'orbite réelle de la Terre ou bien de la nébuleuse primitive, ce qui est la même chose. Et comme, si l'on faisait R $=$ 1, le problème serait mal déterminé, on prendra pour *unité* de longueur de R la longueur du *rayon terrestre* tel que nous l'avons mesuré directement; d'ailleurs, en fonction de r, il a pour expression numérique $\frac{1}{63,584}$; ce qui veut dire que dans la nébuleuse primitive de rayon $r = 1$, la valeur de ce qui devait être le *rayon* global définitif après résolution liquido-solide, cette valeur était 63,584 fois plus petite.

EXPRESSION DES TROIS ORBITES
EN QUESTION

$$\text{La sus-orbite} \quad C = \frac{R}{r} + 1 \qquad (1)$$

$$\text{L'orbite réelle} \quad B = \frac{R}{r} \pm 0 \qquad (2)$$

$$\text{La sous-orbite} \quad A = \frac{R}{r} - 1 \qquad (3)$$

Additionnons membre à membre les deux égalités (1) et (3), on a :

$$C = \frac{R}{r} + 1.$$

$$A = \frac{R}{r} - 1.$$

$$A + C = 2\frac{R}{r}$$

Divisons ensuite les deux membres par 2, il vient :

$$\frac{A + C}{2} = \frac{R}{r}$$

Ce qui indique clairement que l'orbite parcourue par le centre nébuleux est moyenne entre les deux autres, car

$$\frac{R}{r} = \frac{R}{r} \pm o.$$

Mais comme $\dfrac{R}{r}$ est le lieu géométrique du centre de la nébuleuse, il est bien évident que l'engrènement y est impossible, attendu que ce serait absurde.

Cet engrènement ne peut, par construction, avoir lieu qu'à l'équateur exclusivement, lequel s'exprime à la fois par

$$\frac{R}{r} - 1 \quad \text{et par} \quad \frac{R}{r} + 1.$$

Mais ce dernier symbole est à rejeter, étant donné que le roulement ne peut pas s'effectuer sur cette courbe, parce qu'il est le lieu des tangentes à l'épicycloïde engendrée par le roulement de la nébuleuse dans un sens ou dans l'autre, tangentes perpendiculaires au rayon joignant le centre de l'orbe nébuleux de rayon r à l'orbe de rayon R.

Je dis donc que le roulement, c'est-à-dire la *liaison étroite* des deux orbes, ne peut se faire que sur la courbe de rayon

$$\frac{R}{r} - 1.$$

C'est maintenant le moment d'introduire la notion du temps pour prouver le principe de l'engrènement idéal.

Représentant donc par R le rayon de *l'orbite,* parcourue par le centre de la nébuleuse considérée en mouvement cette fois ;

par $\dfrac{R}{r}$ le rayon de ladite nébuleuse ;

par t le temps nécessaire au centre pour décrire l'orbite ayant comme rayon R ;

et par t' le temps de rotation de la nébuleuse ;

On a bien certainement la proportion suivante à examiner :

$$R : \frac{R}{r} :: t : t'$$

Ou bien, sous forme d'égalité :

$$\frac{R}{\dfrac{R}{r}} = \frac{t}{t'}$$

Mais si l'on fait R $=$ 1 et t $=$ 1, car ces deux quantités sont égales par définition : R étant écrit pour circonférence de rayon R et t pour 1 an terrestre, unité de temps nécessaire pour décrire précisément cette circonférence orbitale, il vient par simplification enfin :

$$\frac{R}{r} = t'$$

C'est ce que j'appellerai : La formule de la Loi d'engrènement idéal dans le système solaire !

Il s'ensuit que : autant de fois le rayon *r* de la nébuleuse en question sera contenu dans le rayon R de l'orbite réelle, autant de fois nous aurons trouvé de rotations, dans l'intervalle de 1 an terrestre, unité de temps adoptée pour parcourir l'orbite. Et de par l'autorité de cette petite formule, la *liaison* de pignon à roue menante, imaginée jadis par moi, est véritablement démontrée cette fois. Car le nombre des rotations du petit orbe nébuleux (pignon) est bien certainement une *fonction* du grand orbe (roue menante) et subsidiairement le temps *t* de rotation une fonction de R et de *r*.

Il reste à voir maintenant si réellement au Ciel les choses sont ainsi établies suivant cette bonne petite Loi, quasi-vulgaire à nos yeux de savants !

Et je dis que si le Hasard n'a pas eu part jamais au labeur indicible de l'édification du système solaire, l'observation doit impérieusement venir vérifier cette petite formule.

PREUVE MAGISTRALE A L'APPUI

Pour faire cette preuve expérimentale, il suffit de remplacer les lettres de la formule trouvée

$$\frac{R}{r} = t'$$

par les nombres connus, que je juge suffisamment exacts dans l'état actuel de la Science. On remplacera donc

R par sa valeur numérique 23288   rayons terrestres
et *r* par sa valeur numérique 63,584   »   »

VÉRIFICATION PRESTIGIEUSE

EN SE REPORTANT A LA FIGURE 1

Primo

La droite S C, qui représente le rayon *sus-orbital*, a pour longueur en unités du rayon nébuleux r :

$$\frac{R}{r} + 1 = \frac{23288\ ^{r}\odot}{63,584\ ^{r}\odot} + 1 = \overset{\text{rayons nebuleux}}{367,25} = \overset{\text{jours terrestres}}{367,25}$$

Secundo

La droite S B, qui représente le rayon *orbital réel*, a pour longueur en unités du rayon nébuleux r :

$$\frac{R}{r} \pm 0 = \frac{23288\ ^{r}\odot}{63,584\ ^{r}\odot} \pm 0 = \overset{^{r\,n}\odot}{366,25} = \overset{^{j}\odot}{366,25}$$

Tertio

La droite S A, qui représente le rayon *sous-orbital*, a pour longueur en unités du rayon nébuleux r :

$$\frac{R}{r} - 1 = \frac{23288\ ^{r}\odot}{63,584\ ^{r}\odot} - 1 = \overset{^{r\,n}\odot}{365,25} = \overset{^{j}\odot}{365,25}$$

Ce qu'il fallait démontrer !

CONCLUSION

Il est constant, d'après ce qui précède, que la permutation des quantités de *r* nébuleux (ou distance D) en jours terrestres est une chose toute rationnelle, et que la liaison géométrico-mécanique de *pignon* à *roue menante*, que j'avais pressentie jadis, cette liaison ne pouvait point ne pas être, du moment que le Hasard est banni du séjour céleste ! Cette permutation, rationnelle aussi géométriquement, est le témoignage irrécusable d'une propriété de tous les globes du système solaire, sans exception, celle qu'ils ont d'engendrer des *Monarithmes*, lesquels ramènent toujours les problèmes les plus compliqués de mécanique céleste à des formes arithmétiques d'une extraordinaire simplicité. C'est ainsi que le Plan de l'Univers devient compréhensible à toutes les intelligences, comme j'ai eu lieu de l'annoncer naguère et de le redire souvent sans me lasser !

Examinons un peu le *Monarithme* M du temps de la révolution sidérale terrestre, que vient d'engendrer sous nos yeux mêmes la petite formule de l'engrènement idéal :

$$M = 365,25 \text{ rayons } \delta \text{ pour } 365,25 \text{ jours } \delta.$$

Interprétons maintenant ce langage si nouveau à notre esprit, comme à nos yeux et nos oreilles ! Reprenons dans ce but l'équation numérique probatoire de l'établissement du temps de révolution sidérale de notre planète. Donnons-lui cette forme :

$$\frac{23288^r}{63,584^r} - 1 = \frac{365j,25}{1j}$$

Eh bien ! sous cette figure du second membre équationnel, le phénomène s'explique le plus aisément du monde. En effet, il y est dit éloquemment que si le *cercle* équatorial de la nébuleuse avait pour longueur la quantité r, au commencement de sa vie astrale, le *cercle* orbital, qu'elle parcourait, avait lui pour longueur précisément une quantité 365,25 fois *plus grande* !

Et, à proprement parler, cela veut dire, sans conteste possible, ceci : Pour que la nébuleuse, en tournant sur le *cercle* de sa *sous-orbite*, développât *juste* une longueur égale à celle de ce *cercle*, 365,25 fois plus grand que son équateur, il fallait bien, de toute nécessité mécanique, qu'elle fournît sur elle-même *juste* 365,25 fois plus de rotations.

Ainsi donc s'accomplit la genèse du jour terrestre !

De là la permutation monarithmique si rationnelle des appellations *rayons* ou *jours*, c'est-à-dire, comme j'ai eu l'occasion de le faire souvent dans la première partie du Livre I, la permutation de D en T et réciproquement ; conséquence toute naturelle de la

LOI D'ENGRÈNEMENT IDÉAL !

Voyez-vous maintenant combien c'est simple ?...
Encore fallait-il y penser... et le trouver surtout !

LOI SUBSIDIAIRE

DE LA PARALLAXE MATHÉMATIQUE DU SOLEIL

Voilà donc, cher lecteur, pour quelle belle et toute naturelle cause, n'est-il pas vrai, le globe ensoleillé, qui porte l'Homme et sa fortune, annuellement nous gratifie de ses 365 bienfaisantes nuits ! Oui, la question est aujourd'hui tranchée, voilà le plus sûrement du monde pourquoi la planète qui a nom la Terre tourne en 365 jours autour du Soleil, sans un de plus, sans un de moins ; les choses devant toujours, que dis-je, éternellement demeurer ainsi !

Et, non seulement l'établissement du jour terrestre est le fruit intellectuel de la présente étude, mais on peut encore en tirer une conséquence inestimable dont l'autorité s'impose inéluctablement à l'esprit.

Cette Loi de l'engrènement idéal (car Loi certainement il y a là), emporte avec elle une propriété dont il nous conviendra bientôt de tirer parti : celle de la détermination mathématique sûre et facile de la parallaxe solaire, tant discutée de nos jours, en dépit d'observations directes, faites pourtant avec le plus grand soin !

La mesure de la distance de la Terre au Soleil, en suivant la méthode de Halley, au moyen des trop rares passages de Vénus devant le Soleil, semble avoir donné aujourd'hui tout ce dont elle était capable.

Je proposerai donc aujourd'hui, comme infiniment plus sûre, la méthode que j'ai imaginée, laquelle n'a besoin exclusivement que d'une mesure directe exacte de la distance de la Lune à la Terre.

C'est la Méthode que j'ai annoncée, il y a trois ans, en publiant le Plan de mon ouvrage, et qui consiste à utiliser la propriété que possède ma petite formule $\dfrac{R}{r} = l'$ de l'engrènement idéal au point de vue géométrique pur et par conséquent mathématique absolument : D'où le nom de

PARALLAXE MATHÉMATIQUE

que j'ai donné à mon invention si précieuse.

En effet, connaître l' et r, c'est connaître, en toute certitude, R. Or, dans la pratique, l' est connu parfaitement et r, c'est-à-dire le rayon de l'orbite lunaire à son apogée, peut être connu avec une précision parfaite, grâce à la bonté de nos instruments de mesure et la facilité d'avoir toujours notre fidèle Lune à la merci de nos désirs les plus fréquents.

Si donc on désigne par P ce que j'appelle la parallaxe du Soleil, la nouvelle formule est celle-ci : $r\,l' = P$.

Ce qui est d'une excessive simplicité, sans cesser de posséder une suprême autorité ! Connaître la valeur de P exprimée en unités du rayon terrestre, c'est connaître la parallaxe proprement dite facile à déduire de cette notion même, toute numérique.

Et l'on trouvera en toute certitude, en suivant ma méthode, que la distance de la Terre au Soleil, exprimée en rayons de notre planète, est *exactement cette fois de*

23288 unités ! ! !

Quoi qu'il en soit, pour finir, je dis que le principe de l'engrènement idéal est *justifié* numériquement aujourd'hui par les données mêmes de l'observation, et j'ajouterai que le Théorème qui le caractérise est démontré géométriquement. J'attire, en outre, l'attention sur cette particularité, que le rayon de l'orbite terrestre est désormais mis en fonction élégante de la Distance lunaire et du temps périodique de la Terre autour du Soleil, avec, en plus, cette seconde particularité que la nécessité de la période synodique terrestre saute aux yeux dans la figure 1 et se justifie *formulairement*, si l'on peut dire ainsi, et implicitement.

Ce résultat de mon étude est, semble-t-il, ni plus ni moins que merveilleux ! Car, je le répète : la notion de la Loi de l'engrènement idéal nous met du même coup en main, ou plutôt certes dans l'esprit, la notion conséquente de la

Parallaxe mathématique du Soleil !

Sur ces beautés, d'ordre intellectuel le plus sublime et le plus réjouissant pour l'âme du penseur, je passe à l'application du Théorème de l'Engrènement idéal au cas du satellite de la Terre.

Résolvons donc le « Problème de la Lune » !

Puisse la lumière triompher enfin d'une trop noire obscurité au sein même de la Machine solaire, si belle et si simple à la fois !

CALCULS AUXILIAIRES

A CONSULTER S'IL Y A LIEU

Toutes les données numériques employées dans ce fascicule sont tirées de l'Annuaire du Bureau des Longitudes de France pour l'année 1897, époque à laquelle furent effectués tous les calculs nécessaires à l'élucidation du problème proposé.

I°

DÉTERMINATION DE v

La vitesse v d'un point équatorial de la Terre se calcule ainsi, en divisant la longueur de l'équateur par le temps de rotation.

Le cercle équatorial ayant pour longueur de sa circonférence $40\,076\,625^m$ et le temps de la rotation terrestre étant de $86\,164^s$ ou de $23^h\,56^m\,4^s$

On a ce quit suit : $\dfrac{C}{t} = v$ littéralement

et numériquement $\dfrac{40\,076\,625^m}{86\,164^s} = 465^m,12$ par seconde.

II°

DÉTERMINATION DE V

On a l'opération suivante à faire, dans laquelle le rayon R de l'orbite de la Terre, située à sa distance moyenne, a pour valeur $23\,288$ rayons terrestres. L'Annuaire donne, il est vrai, $23\,280,45$, mais ici je demanderai la permission d'augmenter un tout petit peu (8 unités seulement) cette valeur encore mal déterminée par l'observation.

$$\frac{40\,076\,625^m \times 23\,288^r}{365^j,256 \times 86\,400^s} = 29^k,574$$

Il ne faut pas perdre de vue qu'ici, relativement à l'orbite, l'unité est le jour solaire moyen de 24 heures justes, soit de $86\,400$ secondes.

IIIe

DÉTERMINATION DE r

La plus grande distance de la Lune à la Terre, c'est-à-dire celle de l'apogée, se déduit aisément de la distance moyenne, multipliée par le coefficient d'excentricité $(e + 1)$ de l'orbite. D'où cette opération :

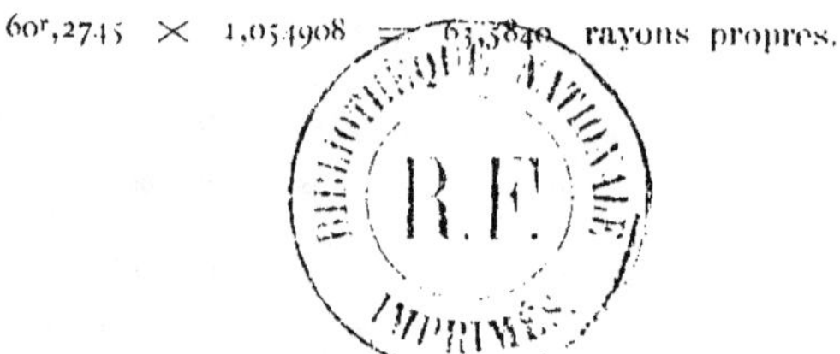

$$60^r,2745 \times 1,054908 = 63,5840 \text{ rayons propres.}$$

R. GUIST'HAU
Éditeur
4 Quai Cassard
NANTES